Bibliografische Information der Deutschen Nationalbibliothek:

Die Deutsche Bibliothek verzeichnet diese Publikation in der Deutschen National-
bibliografie; detaillierte bibliografische Daten sind im Internet über http://dnb.d-
nb.de/ abrufbar.

Impressum:

Copyright © 2015 GRIN Verlag
Druck und Bindung: Books on Demand GmbH, Norderstedt Germany
ISBN: 9783668959217

Dieses Buch bei GRIN:

https://www.grin.com/document/475238

Sadik Mejid

Molekulardynamische Simulation von Flüssig-Gas-Grenzflächen

GRIN Verlag

GRIN - Your knowledge has value

Der GRIN Verlag publiziert seit 1998 wissenschaftliche Arbeiten von Studenten, Hochschullehrern und anderen Akademikern als eBook und gedrucktes Buch. Die Verlagswebsite www.grin.com ist die ideale Plattform zur Veröffentlichung von Hausarbeiten, Abschlussarbeiten, wissenschaftlichen Aufsätzen, Dissertationen und Fachbüchern.

Besuchen Sie uns im Internet:

http://www.grin.com/

http://www.facebook.com/grincom

http://www.twitter.com/grin_com

Physikalisch-chemisches Praktikum für Fortgeschrittene

Versuch 3

Molekulardynamische Simulation Von Flüssig-Gas-Grenzflächen

Gruppe 11

Sadik Mejid

	Abgabe	Rückgabe
1.	30.1.2015	
2.		

Inhaltsverzeichnis

1. Einleitung

Durch Molekulardynamische Simulationen ist es möglich, durch Beobachtung der mikroskopischen Eigenschaften der einzelnen Moleküle, die Eigenschaften eines Stoffes im Hinblick auf seine makroskopische Anwendung zu berechnen. Bei diesem Versuch werden die Eigenschaften von Flüssig/Gas Grenzflächen berechnet. Hierzu wird das Verhalten von Methan-Molekülen beobachtet. Ziel des Versuches ist es, die Oberflächenspannung gegen verschiedene Temperaturen aufzutragen und ein Phasendiagramm zu erstellen.

2. Durchführung

Für den Versuch wurden vier bereits äquilibrierte Systeme zur Verfügung gestellt. Jedes System hatte eine eigenen Äquilibrierungstemperatur von 130 K, 150 K, 160 K und 170 K. Bei allen Versuchen wurde die Anzahl der Methan-Moleküle auf 1000 Moleküle fest gesetzt. Die Molekulardynamische Simulation wurde mit dem Programm Moscito in einem Zeitraum von 0.5 ns durchgeführt. Die dadurch erhaltenen Daten mussten mit verschiedenen weiteren Auswertungstools bearbeitet werden. So erhielt man für das Dichteprofil die Daten dprofile.de und dprofile_NV, für das Druckprofil die Daten pressprofile.dat, densprofile.dat und vir.out.

Anschließend wurde der Schwerpunkt des Flüssigkeitsfilms auf z=0 gesetzt und das Profil wurde gefaltet. Dadurch erhielt man die Daten fold_dprofile.dat und fold_pressprofile.at, die zur Auswertung benötigt werden. Außerdem wurde noch ein Snapshot der einzelnen Simulationen aufgenommen.

3. Auswertung

3.1. Algorithmus für periodische Randbedingungen.

Wie in Abbildung 1 zu erkennen ist, wird nur ein System betrachtet, welches lediglich 1000 Teilchen enthält und von unendlich vielen weiteren Systemen umgeben ist.

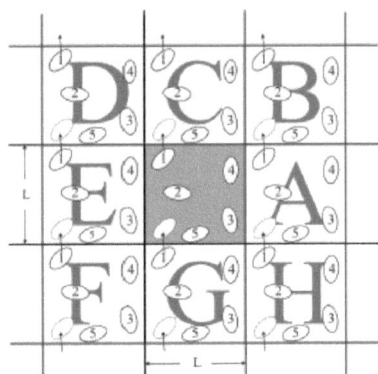

Abb.1: Randbedingung eines Systems.

Durch das Einfassen des beobachteten Systems in viele weitere Systeme kann die Wechselwirkung mit den Wänden aufgehoben werden und die Teilchen können sich quasi frei bewegen. Außerdem erkennt man, dass jedes austretende Teilchen, wie in der Abbildung für Teilchen 1 gezeigt, an der gegenüber liegenden Seite der Box wieder eintritt. Dies gilt für alle drei Dimensionen der Box.

3.2. Autokorrelationsfunktionen

Die Autokorrelationsfunktion gibt die Korrelation von Größen wie der Geschwindigkeit zu einem Zeitpunkt (t=0) z.B. am Anfang der Simulation und zu einem späteren Zeitpunkt t wieder. Sie muss Null werden bzw. sich der Null hinreichend annähern, damit die Korrelation mit der Startkonfiguration aufgehoben wird.

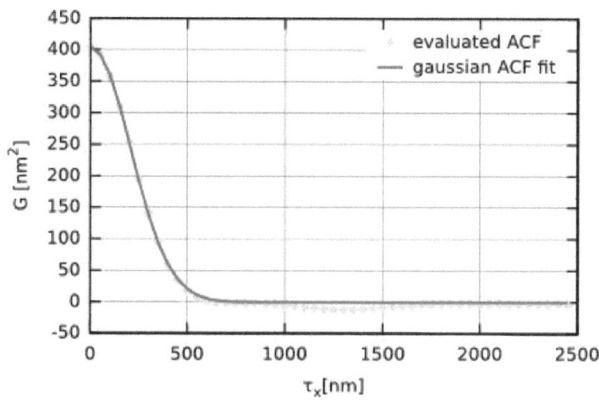

$$G_x(\tau_x) = \sigma^2 \exp(-\tau_x^2/T^2)$$

Abb.2: Autokorrelation mit dazu gehörender Funktion.

Die in Abbildung 2 gezeigte Autokorrelation wurde nach der dazu gehörigen Funktion berechnet. Hierbei steht T für die Autokorrelationslänge und σ für die Standardabweichung der Höhe. Wie zu erkennen besitzt die Funktion einen Gauß-Ansatz.[1]

3.3. Erläuterung des Drucktensors

Da es sich bei der Untersuchung von Grenzflächen um ein inhomogenes System handelt, muss der Druck als Tensor angesehen werden. Er besteht aus neun (9) Elementen, die für die Kraft und den Normalenvektor der Ebene stehen. Da keine Scherenkomponenten berücksichtigt werden müssen, reduziert sich der Drucktensor auf die drei (3) Diagonalelemente. Bei diesen Elementen weisen Kraft und Flächennormale in dieselbe Richtung. In dem vorliegenden System teilt sich der Drucktensor in den Normalendruck und den Tangentialdruck auf. Der Normalendruck (pN) ist entlang der z-Richtung konstant und liegt senkrecht auf der Grenzfläche. In der x,y-Ebene liegt parallel zur Grenzfläche der Tangentialdruck (pT). Er durchläuft ein Maximum, bevor er in der Grenzfläche minimal wird. Das Minimum hat einen negativen Wert und steht für die Spannung in der Grenzfläche.

3

3.4. Konstanz der Temperatur

Das für die Molekulardynamik grundlegende Ensemble ist das mikrokanonische Ensemble. Hierbei werden Teilchenzahl, Volumen und Energie konstant gehalten. In der Praxis hingegen ist man an dem kanonischen Ensemble, bei dem Teilchenzahl, Volumen und Temperatur konstant sind, eher interessiert. Um ein kanonisches Ensemble zu erreichen, wird ein numerischer Thermostat eingeführt, der durch Energieaustausch mit dem System die Temperatur konstant hält. Ein Ansatz dafür ist die Berendsen-Methode, bei der durch Reskalierung der Teilchengeschwindigkeit die Temperatur konstant gehalten wird. Dazu wird die Temperatur mit einem Faktor λ multipliziert.[2]

$$\lambda = \sqrt{1 - \frac{\Delta t}{\tau}\left(\frac{T - T0}{T}\right)}$$

mit: T_0: Zieltemperatur

T: momentane Temperatur

τ: charakteristische Relaxationszeit

Δt: Zeitschritt

3.5. Paarverteilungsfunktion

Durch eine Paarverteilungsfunktion lassen sich Aussagen über die Ordnung und damit über die Wahrscheinlichkeit eines zweiten Teilchens treffen.

$$g(r1, r2) = \frac{1}{N^2}\langle n(r1)n(r2)\rangle$$

mit: rx: Ort von Teilchen x

n(rx): Teilchenzahldichte von Teilchen x

N: Teilchenzahl

Vergleicht man die Paarverteilungsfunktionen, die in Abbildung 3 gezeigt sind, miteinander erkennt man, dass die Ordnungsreichweite von fest nach gasförmig abnimmt.

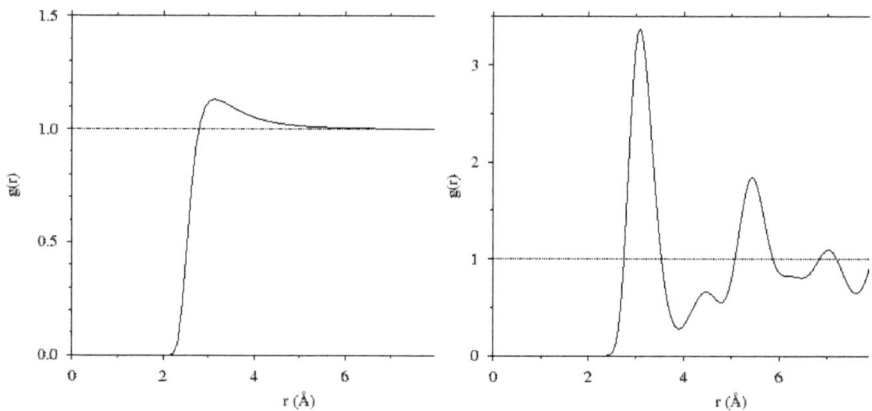

Abb.3: Paarverteilungsfunktionen. Links gasförmig, rechts Kristall[3]

In Abbildung 4 ist die Paarverteilung einer Lenard-Jones-Flüssigkeit zu sehen.

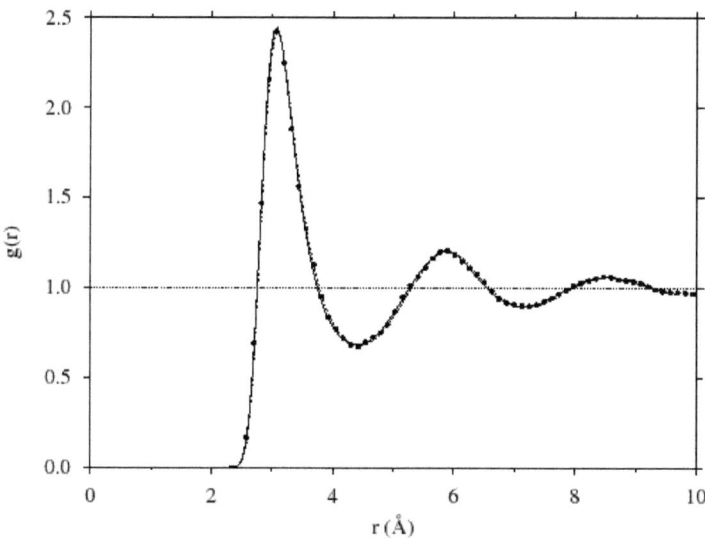

Abb.4: Paarverteilung Lenard-Jones-Flüssigkeit.[3]

Wie man bei allen Verteilungen erkennen kann, ist am Anfang die Kurve bei 0. Dies liegt

daran, dass die einzelnen Kerne nicht miteinander überlappen können. Je weiter man sich von dem betrachteten Teilchen entfernt, desto eher geht der Wert für g(r) gegen 1. Dort gibt es praktisch keine Wechselwirkung mehr zwischen den Teilchen.

4. Auswertung

4.1. Drucktensor und Oberflächenspannung

Aus den Dateien fold_pressprofile.dat lassen sich die Normaldrücke und die Tangentialdrücke auslesen und graphisch auftragen, wie in den Abbildungen 5 bis 7 zu erkennen. Blau steht dabei für den Normaldruck und rot für den Tangentialdruck.

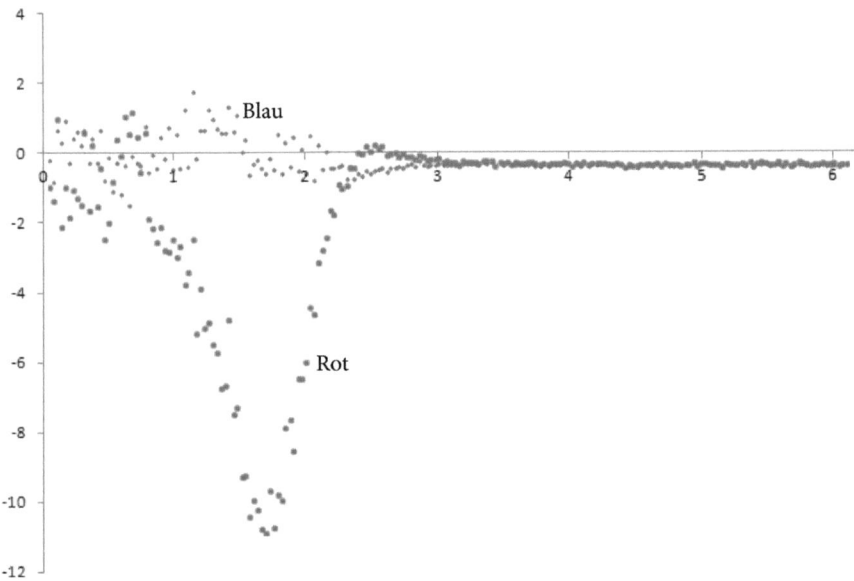

Abb.5:Tangentialdruck und Normaldruck entlang der z-Achse [nm] bei 130 K.

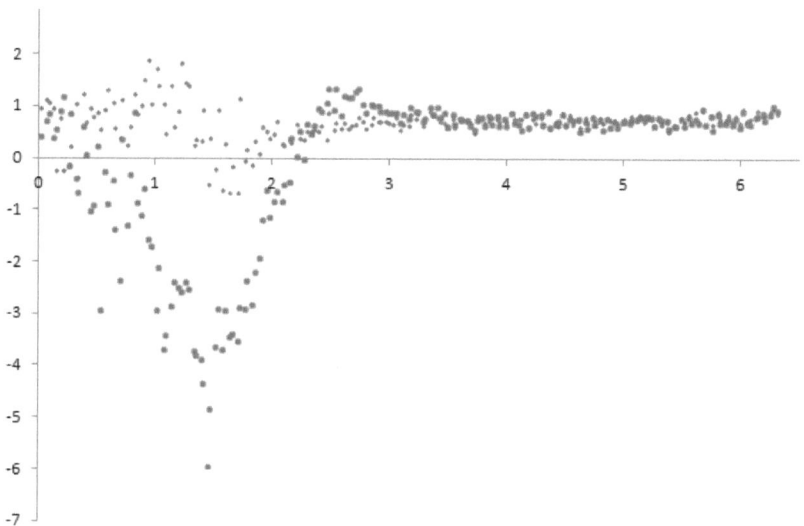

Abb.6: Tangentialdruck und Normaldruck entlang der z-Achse [nm] bei 150 K.

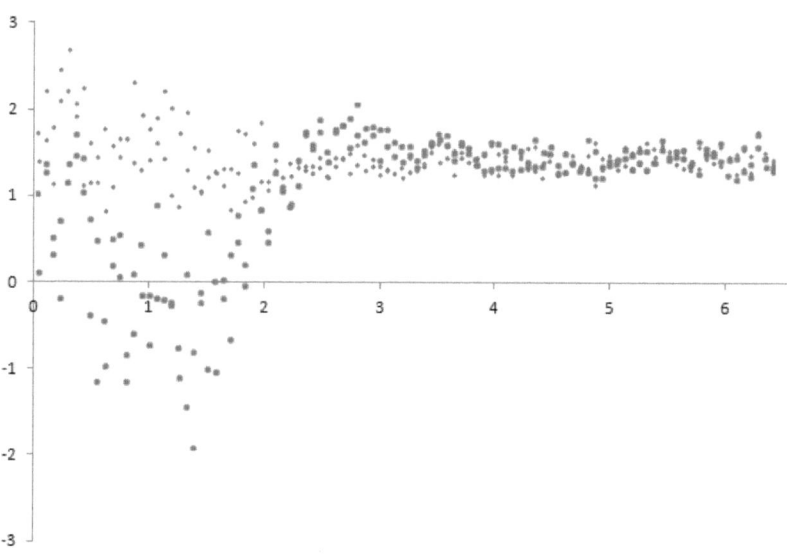

Abb.7: Tangentialdruck und Normaldruck entlang der z-Achse [nm] bei 160 K.

Die Messung des Tangentialdrucks und des Normaldrucks für 170 K war fehlerhaft, weshalb nur drei Graphen abgebildet sind.

Wie man anhand der Abbildungen erkennen kann, ist der Normaldruck in guter Näherung konstant. Nur im Bereich der Phasengrenze sind Schwankungen im Druck zu erkennen. Des Weiteren erkennt man, dass der Normaldruck mit zunehmender Temperatur von annähernd 0 MPa bei 130 K auf 1,5 MPa bei 160 K steigt. Da der Normaldruck mit dem Dampfdruck gleichzusetzen ist, erkennt man, dass mit zunehmender Temperatur auch der Dampfdruck steigt und sich mehr Teilchen in der Gasphase befinden. Dies kann man auch aus den aufgenommenen Snapshots erkennen, die in Abbildung 9 gezeigt sind.

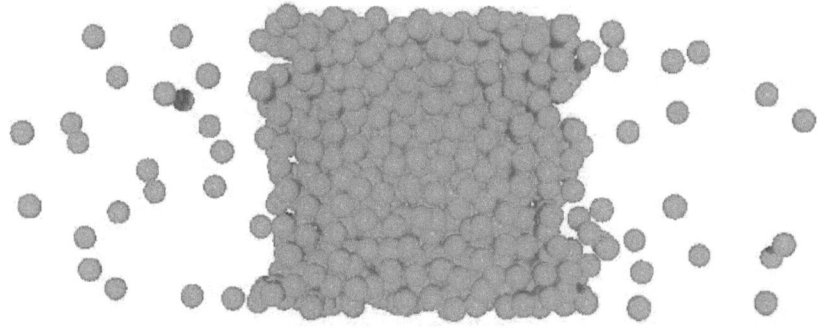

Abb.8: Snapshot bei 130 K.

Abb.9: Snapshot bei 150 K.

Abb.10: Snapshot bei 160 K.

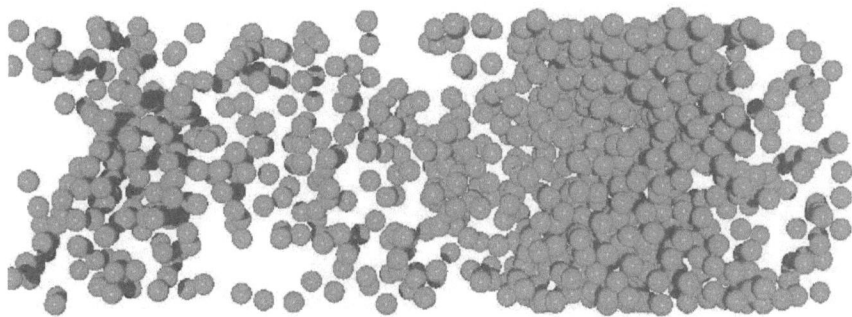

Abb.11: Snapshot bei 170 K.

Anhand der Abbildungen 8 bis 11 erkennt man, wie die Phasengrenze mit zunehmender Temperatur immer diffuser wird.

In Abbildung 5 ist das Maximum und das Minimum für den Tangentialdruck sehr gut zu erkennen. Auch der Wert des Minimums steigt mit zunehmender Temperatur von -11 MPa bei 130 K auf -2 MPa bei 160 K an.

Gemäß folgender Gleichung lässt sich die Oberflächenspannung zwischen den beiden Druckprofilen berechnen.

$$\gamma = \int_{-\infty}^{+\infty} (pN - pT)dz$$

Die Werte für die Oberflächenspannung sind in der Datei vir.out enthalten.

Tab.1: Oberflächenspannung in Abhängigkeit zur Temperatur

T[K]	γ[mN m^{-1}]	$\Delta\gamma$[mN m^{-1}]
130	8,62	1,27
150	4,51	1,20
160	2,55	1,01
170	1,19	1,26

In Abbildung 12 ist die Oberflächenspannung gegen die Temperatur aufgetragen.

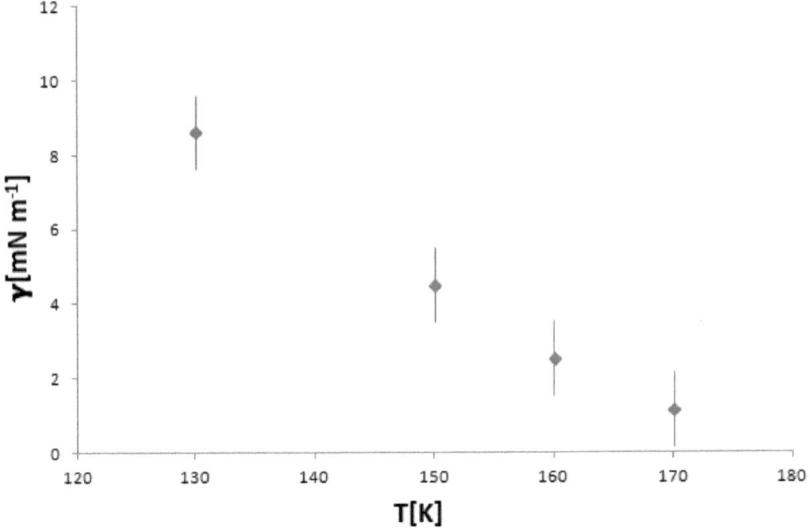

Abb.12: Oberflächenspannung gegen Temperatur.

Wie anhand der Abbildung zu erkennen ist, nimmt die Oberflächenspannung mit steigender Temperatur ab. Diese Annahme entspricht den aufgenommenen Snapshots und den aufgetragenen Werten des Tangentialdrucks.

4.2. Dichteprofil und Phasendiagramm

Die Dichte in Abhängigkeit zu den z-Werten kann den Dateien fold_dprofile.dat entnommen werden.

Um die Dichten der flüssigen und der gasförmigen Phasen zu erhalten, wurden die Daten mit folgender Funktion angepasst.

$$\rho = 0{,}5(\rho_l + \rho_v) - 0{,}5(\rho_l - \rho_v)\tanh\left(\frac{2(z-l)}{d}\right)$$

mit ρ_l: Dichte der flüssigen Phase

ρ_v: Dichte der gasförmigen Phase

d: Dicke der Grenzfläche [g cm^{-3}]

l: Position der Mitte der Grenzfläche auf der z-Achse

In den folgenden Abbildungen 13 bis 16 sind die Verläufe dargestellt.

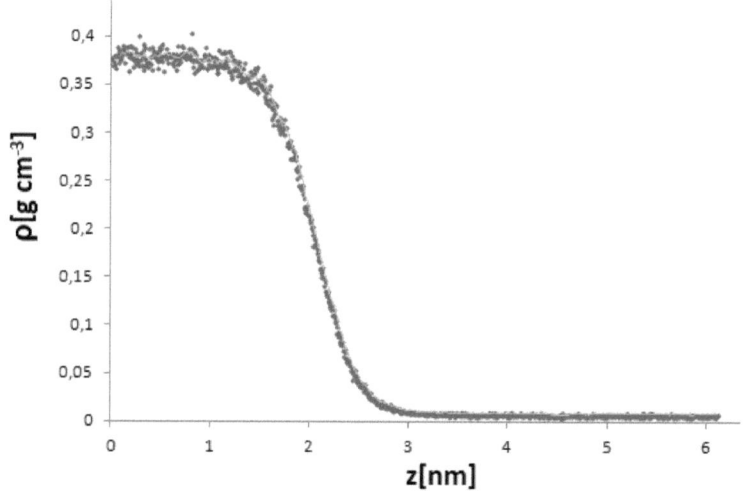

Abb.13: Dichte in Abhängigkeit der z-Werte für 130 K.

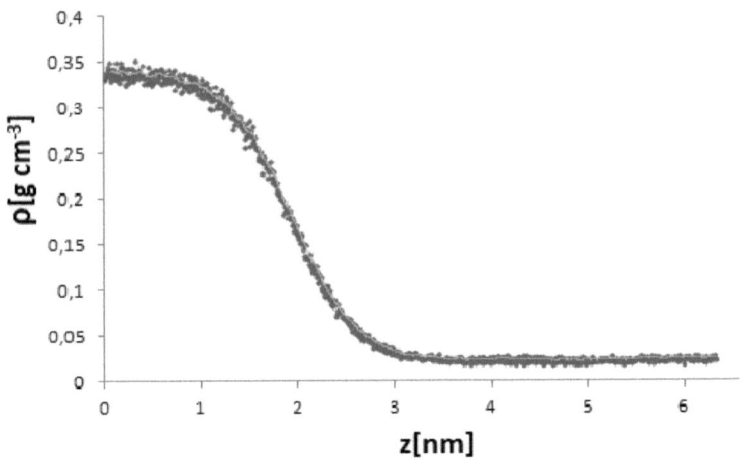

Abb.14: Dichte in Abhängigkeit der z-Werte für 150 K.

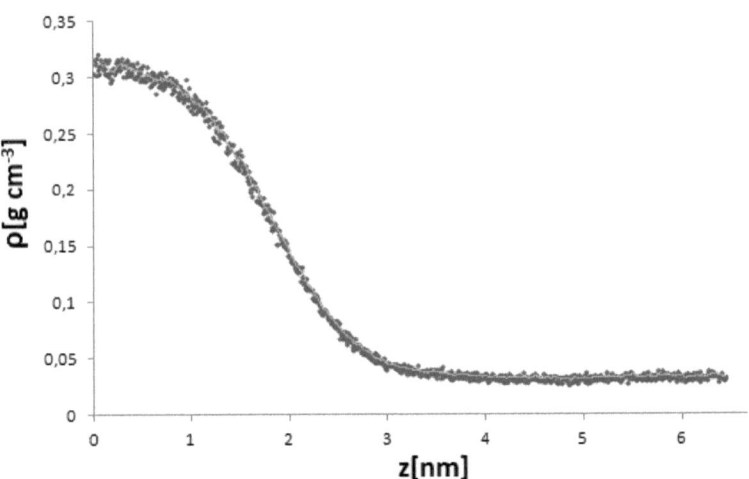

Abb.15: Dichte in Abhängigkeit der z-Werte für 160 K.

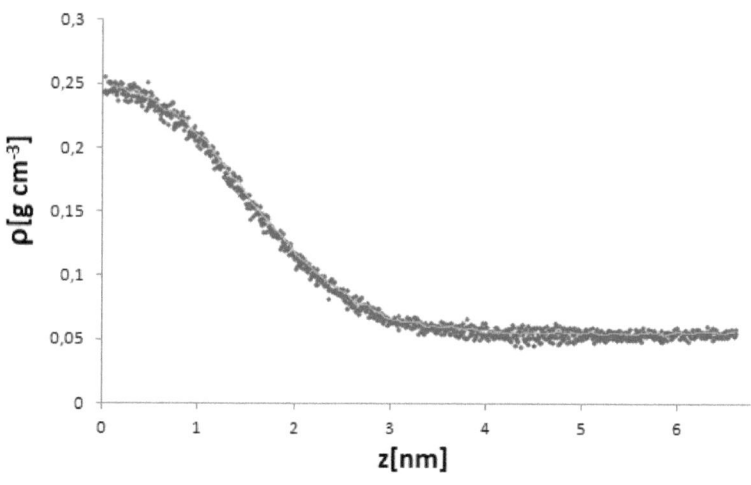

Abb.16: Dichte in Abhängigkeit der z-Werte für 170 K.

Tab.2: Parameter der Anpassung des Dichteprofils für die einzelnen Temperaturen.

T [K]	ρ_l [g cm^{-3}]	ρ_v [g cm^{-3}]	l [nm]	d [nm]
130	0,378	0,008	2,02	0,86
150	0,332	0,024	1,87	1,27
160	0,304	0,032	1,78	1,64
170	0,243	0,056	1,58	2,16

Anhand der Tabellenwerte wird ersichtlich, dass mit steigender Temperatur die Dichte der gasförmigen Phase zu- und die der flüssige Phase abnimmt. Außerdem ist ersichtlich, dass die Position der Grenzfläche mit steigender Temperatur abnimmt, da mehr Teilchen in die Gasphase übergehen und die Dicke der Phasengrenze dabei zunimmt. Diese Befunde sind auch anhand der Snapshots erkennbar.

Das Phasendiagramm, welches in Abbildung 17 gezeigt ist, ergibt sich durch Auftragung der Dichten gegen die Temperatur. Dabei stehen die blauen Messpunkte für die Dichte der gasförmigen Phase und die roten Messpunkte für die Dichte der flüssigen Phase.

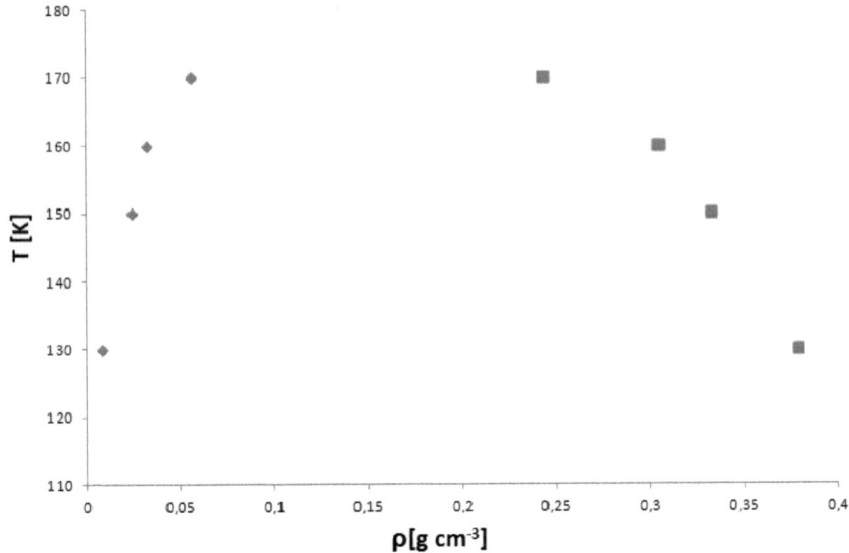

Abb.17: Phasendiagramm von Methan.

5. Diskussion

Durch den Versuch konnte gezeigt werden, inwieweit die Dichten der flüssigen und der gasförmigen Phase von der Temperatur abhängig sind. Das dabei entstandene Phasendiagramm von Methan entspricht einer Binodalkurve. Sie beschreibt den Phasenübergang zwischen einem 2-Phasensystem und einer homogenen Phase. Würde man in weiteren Simulationen die Temperatur höher wählen, würden irgendwann die Dichten der beiden Phasen identisch werden, was dem oberen kritischen Punkt entspräche. An diesem Punkt würde die Auftragung der Dichte entlang der z-Werte eine Gerade ergeben.

Des Weiteren konnte gezeigt werden, dass sich die Drücke, Normaldruck und Tangentialdruck, mit zunehmender Temperatur aneinander annähern.

Dadurch lässt sich darauf schließen, dass bei Überschreitung des kritischen Punktes der Tangentialdruck und der Normaldruck den gleichen Wert besitzen.

6. Literaturverzeichnis

[1]   http://gwyddion.net/documentation/user-guide-en/statistical-analysis.html

[2]   http://peggy.uni-mki.gwdg.de/Docs/MD/MDVorles5.pdf

[3]   http://www.exp.univie.ac.at/cp2/cp7-10/node12.html